De schoonheid van de antroposofie, of: Wat is er wetenschappelijk aan de geesteswetenschap?

Frederick Amrine

Antroposofische Studies 1

Wetenschap houdt het samenspel in van begrijpelijkheid, ontdekking en rechtvaardiging. De intelligibiliteit gaat van voorspelling tot aan de waarneming van kosmische wijsheid; de wetenschap geeft betekenis aan verschijnselen. Ontdekking is het moment van inzicht, dat uiteindelijk een toetsbare hypothese oplevert. Rechtvaardiging is een vreemd woord: oorspronkelijk was het een theologische term (zoals b.v. in het Paulinische "rechtvaardiging door geloof"). Maar het is de juiste term voor het testen van een wetenschappelijke hypothese.

Nu is dit heersende model bezaaid met moeilijkheden. Zo is er bijvoorbeeld geen methode voor de ontdekking; die wordt als buiten-wetenschappelijk behandeld. Wetenschap wordt gezien als beginnend met het testen van een hypothese; zoals de grote bioloog Peter Medawar het uitdrukte, hypothesevorming is een "logisch ongescript" moment. Een ander daarmee samenhangend probleem is de reductie van begrijpelijkheid tot rationele reconstructie (wat David Bohm "axiomatisering" noemt) [1]: wij willen onze intuïties te snel reduceren tot wiskundige axioma's, en zijn de axioma's inderdaad als primair gaan beschouwen, terwijl ze eigenlijk van het inzicht afgeleid zijn. Dit leidt

[1] David Bohm, "Imagination, Fancy, Insight, and Reason in the Process of Thought," in Shirley Sugarman, ed., *Evolution of Consciousness: Studies in Polarity* (Middletown, CT: Wesleyan UP, 1976), pp. 51-68.

tot de hypertrofie van de rechtvaardiging (David Bohm weer) ten koste van

Thomas Kuhn (1922-1966)

begrijpelijkheid. Bovendien beantwoordt, zoals Thomas Kuhn zo briljant heeft aangetoond, de wetenschappelijke praktijk niet aan het methodologische stereotype van falsificatie.[2] De "normale wetenschap" probeert verwoed alles te verklaren in het licht van het heersende paradigma, ook al levert alleen falsificatie wetenschappelijk geldige (zij het negatieve) inzichten op. Er zijn opmerkelijke mislukkingen van replicatie geweest, vooral de laatste tijd: in één flagrant geval konden onderzoekers van de Universiteit van Virginia slechts 39 van de 100 centrale experimenten op het gebied van de psychologie repliceren. En waarheid als "overeenstemming met de schijn" is ondermijnd door de psychologie van de waarneming: er bestaat geen "neutrale waarnemingstaal", zoals bijvoorbeeld in Jerome Bruners ontdekking van de "perceptuele belezenheid"; wij zien wat de gewoonte ons ingeeft te zien, in plaats van wat er werkelijk is.

Er zou hier nog veel meer aangevoerd kunnen worden, maar zoveel maakt al duidelijk dat er iets anders nodig is. Laten we de discussie dus uitbreiden door er drie begrippen bij te halen: sublimiteit, schoonheid, en elegantie.

Sublimiteit is geen standaard wetenschappelijke categorie; ik stel haar als zodanig voor. Archetypisch sublieme ervaringen zijn de Alpen, een storm op zee, en, bij Kant, het wiskundige begrip van het oneindige.

---

[2] Thomas Kuhn, *The Structure of Scientific Revolutions*, 50 th Anniversary Edition (Chicago: U of Chicago P, 2012).

Het sublieme wekt verwondering in de cognitieve zin, en ontzag in de esthetische en morele zin. Vandaar het beroemde citaat aan het eind van Kants *Kritiek van de zuivere rede* (1781): "Twee dingen vervullen de ziel met een steeds hernieuwde en steeds groeiende bewondering, naarmate de beschouwing zich er vaker en voortdurend op toelegt: de sterrenhemel boven mij en de zedelijke wet in mij." Buckminster Fuller zag de Relativiteitstheorie van Einstein als "het metafysische dat het fysische overmeestert," wat weer een manifestatie van het sublieme zou zijn. Het sublieme is geen standaard wetenschappelijk begrip, maar het zou het wel moeten zijn.

Schoonheid is echter wel degelijk een standaard wetenschappelijke categorie! Schoonheid gaat over harmonie in al haar gedaanten, en vooral over de harmonie tussen delen en gehelen. Vandaar dat Kant esthetische en biologische vormen met dezelfde begrippen benaderde in zijn *Oordeelskritiek* of *Derde Kritiek* van 1790, en inspireerde tot het essay van Schiller over de *esthetische opvoeding* (1794), dat op zijn beurt Steiner inspireerde. Kant, Schiller, en Steiner zien schoonheid als een directe manifestatie van morele ideeën. Schoonheid zweeft tussen sublimiteit en elegantie: men voelt ontzag bij het zien van tot dan toe onbegrepen verbanden (neigend naar het sublieme), en men voelt eenheid gevangen in veelheid (neigend naar elegantie).

Telkens weer horen wij over de centrale plaats die schoonheid inneemt in de grote wetenschap. James W. McAllister citeert bijvoorbeeld de natuurkundige Paul Dirac: "Toen Einstein zijn gravitatietheorie aan het opbouwen was, probeerde hij niet sommige resultaten van waarnemingen te verklaren. Verre van dat. Zijn hele procedure bestond uit het zoeken naar een mooie theorie ... De echte fundamenten komen voort uit de grote schoonheid van de theorie ... Het is de essentiële schoonheid van de theorie die naar mijn gevoel de echte reden is om erin te geloven."[3] Of S. Chandrasekhar die Hermann Weyl citeert: "In mijn werk heb ik altijd geprobeerd het ware met het schone te verenigen; maar als ik moest kiezen voor het een of het ander, koos ik meestal voor het schone."[4] "Tot nu toe heeft geen enkele voorspelling van de algemene relativiteit, in de limiet van sterke gravitatievelden, enige bevestiging gekregen; en geen enkele lijkt waarschijnlijk in de nabije toekomst," schrijft Chandrasekhar, maar volgens Paul Dirac, "Wat de theorie [van de algemene relativiteit] zo aanvaardbaar maakt voor natuurkundigen ... is haar grote wiskundige schoonheid" (148). "Als u luistert naar wetenschappers die praten, of leest wat zij schrijven buiten de peer-reviewed artikelen om, dan ontstaat er een heel ander beeld," schrijft David Orrell;[5] "er is een algemene aanvaarding dat

---

[3] James W. McAllister, *Beauty and revolution in science* (Ithaca: Cornell UP, 1999), blz. 15-16.

[4] S. Chandrasekhar, *Truth and beauty: Truth and Beauty: Aesthetics and Motivations in Science* (Chicago: U of Chicago P, 1987), blz. 65.

[5] David Orrell, *Truth or Beauty: Science and the Quest for Order* (Oxford: Oxford UP, 2012), blz. 3-4.

schoonheid en waarheid op mysterieuze en onlosmakelijke wijze met elkaar verbonden zijn. Sterker nog, de centrale drijfveer van de wetenschap lijkt vaak evenzeer een zoektocht naar schoonheid als naar waarheid te zijn, met dien verstande dat die twee op dezelfde plaats te vinden zijn...de verzamelroep van fundamentele natuurkundigen is: "Laten we ons eerst maar eens druk maken over schoonheid, de waarheid zorgt wel voor zichzelf!"." In zijn belangrijke studie *De Copernicaanse Revolutie beweerde* Thomas Kuhn stoutmoedig dat de reden voor de verschuiving van het Ptolemeïsche naar het Copernicaanse paradigma in de eerste plaats *esthetisch* was: "... bij gebrek aan grotere zuinigheid of nauwkeurigheid, welke redenen waren er om de aarde en de zon te transponeren? ... zoals Copernicus zelf erkende, was de echte aantrekkingskracht van de zongerichte astronomie eerder esthetisch dan pragmatisch ... zoals de Copernicaanse Revolutie zelf aangeeft, zijn smaakkwesties niet te verwaarlozen. Het oor dat geometrische harmonie kan onderscheiden, kon een nieuwe netheid en samenhang ontdekken in de zon-gecentreerde astronomie van Copernicus, en als die netheid en samenhang niet herkend waren, zou er misschien geen revolutie geweest zijn." [6]

Met regelmatige tussenpozen houden verschillende wis- en natuurkundige genootschappen een enquête onder hun leden, met de

[6] Thomas Kuhn, *The Copernican Revolution* (Cambridge: Harvard UP, 1957), p. 171.

vraag: Wat is de mooiste wiskundige formule aller tijden? En er is altijd een duidelijke winnaar: De Identiteit van Euler. (Leonhard Euler, die leefde van 1707 tot 1783, was de Mozart onder de wiskundigen; grote wiskunde stroomde moeiteloos door hem heen.) Zij luidt als volgt:

$$e^{i\pi} + 1 = 0$$

En inderdaad, het is een prachtige formule, rijk en vreemd voor al zijn beknoptheid. Elk aspect van de wiskunde wordt in archetypische vorm weergegeven: u hebt

Leonhard Euler (1707-1783)

de constante van de analyse, "e," en dus van de calculus; het imaginaire eenheidsgetal, "i"; een meetkundige constante, "π," die waarschijnlijk het eerste irrationale getal is; het eerste natuurlijke getal, "1" (dat ook het identiteitsprincipe voor de vermenigvuldiging is); en het eerste gehele getal, "0" (dat het identiteitsprincipe voor de optelling is). U hebt de allesbepalende bewerkingen van optellen en gelijkheid. Maar het is ook vreemd: wat te denken bijvoorbeeld van "π" als exponent? En wat betekent het? Benjamin Pierce, die hoogleraar wiskunde was aan de Harvard Universiteit en de eerste Amerikaanse wiskundige was die internationale faam verwierf, zei over de Identiteit van Euler: "Heren, dat is zeker waar, het is absoluut paradoxaal; wij kunnen het niet begrijpen, en wij weten niet wat het betekent. Maar wij hebben het bewezen, en daarom weten wij dat het de waarheid moet zijn." Merk op dat wij een inzicht (nog) niet volledig behoeven te begrijpen om het als wetenschappelijk - ja als grote wetenschap - te erkennen. Deze bewering is potentieel zeer consequent voor de antroposofie.

Het is zeer onthullend als wij een eenvoudige algebraïsche transformatie van de formule maken, waardoor zij eleganter wordt:

$$e^{i\pi} = -1$$

Het resultaat is eleganter, maar veel minder mooi. Waarlijk een Goetheaans *Urphänomen*!

Sir Roger Penrose (1831-)

In zijn prachtige studie *The Emperor's New Mind* citeert Roger Penrose uit Jacques Hadamard's *Psychology of Invention the Mathematical Field*: "Maar bij [de grote Franse wiskundige Henri] Poincaré zien we iets anders, namelijk de tussenkomst van het gevoel voor schoonheid dat zijn rol speelt als onmisbaar middel om te vinden ... deze keuze wordt dwingend bepaald door het gevoel voor wetenschappelijke schoonheid."[7] En Penrose zelf voegt eraan toe: "... esthetische criteria zijn enorm waardevol bij het vormen van onze oordelen ... de sterke overtuiging van de geldigheid van een flits van inspiratie ... is zeer nauw verbonden met de esthetische kwaliteiten ervan. Een mooi idee heeft een veel grotere kans een juist idee te zijn dan een lelijk idee" (421).

Als we "wiskundige schoonheid" opzoeken op *Wikipedia*, vinden we dat een mooi bewijs "een resultaat op een verrassende manier afleidt"; dat het "het schijnbaar niet verwante met elkaar in verband brengt," en dat het "nieuwe en originele inzichten" oplevert. " Maar merk op dat dit alles niet overeenstemt met rechtvaardiging, maar met ontdekking! Dit is een uiterst belangrijk inzicht. Resultaten die zowel op deze manieren nieuw zijn, als vooral fundamenteel en omvattend, worden "diep" genoemd. " Bovendien betoogt Owen Barfield in *Poetic*

---

[7] Roger Penrose, *The Emperor's New Mind: Concerning Computers, Minds, and the Laws of Physics* (Oxford: Oxford UP, 1989), blz. 421.

Diction dat schoonheid in literaire taal datgene is wat "een gevoelde verandering van bewustzijn" teweegbrengt. [8] Evenzo betoogt Penrose dat wiskundige waarheid niet iets is dat wij louter aan de hand van een algoritme vaststellen. "Ik geloof ook dat ons bewustzijn een cruciaal ingrediënt is in ons begrip van wiskundige waarheid. Wij moeten de waarheid van een wiskundig argument "zien" om overtuigd te zijn van de geldigheid ervan. Dit "zien" is het wezen zelf van het bewustzijn" (418). Hieruit volgt dat het in de wetenschap fundamenteel gaat om de uitbreiding van het menselijk bewustzijn.

Wij zijn aangekomen bij een belangrijke stelling en een belangrijke vraag betreffende schoonheid in de wetenschap. Mijn stelling is dat schoonheid voor de ontdekking hetzelfde is als nauwkeurigheid voor de rechtvaardiging. *Schoonheid is* dus *de strengheid van de ontdekking*. De fundamentele wetenschappelijke waarde van symmetrie, bijvoorbeeld, is eerst en vooral een *esthetisch* criterium. Wij koesteren de ingebedde strengheid die tot een elegante formulering heeft geleid, maar ik ben geneigd te vragen: Is het elegante werkelijk strenger dan het mooie?

Wij associëren het begrip elegantie, of spaarzaamheid, met Willem van Ockham (ca. 1287-1347). Het "scheermes van Occam" (zoals het genoemd wordt) beweert dat "Als alles gelijk is, de eenvoudigste

---

[8] Owen Barfield, Poetic Diction: A Study in Meaning (Londen: Faber and Faber, 1962), p. 48.

verklaring meestal de juiste is". Laten we de rol van de elegantie in de geschiedenis van de astronomie onderzoeken.

Retrograde lus van Mars (tijdsverloop)

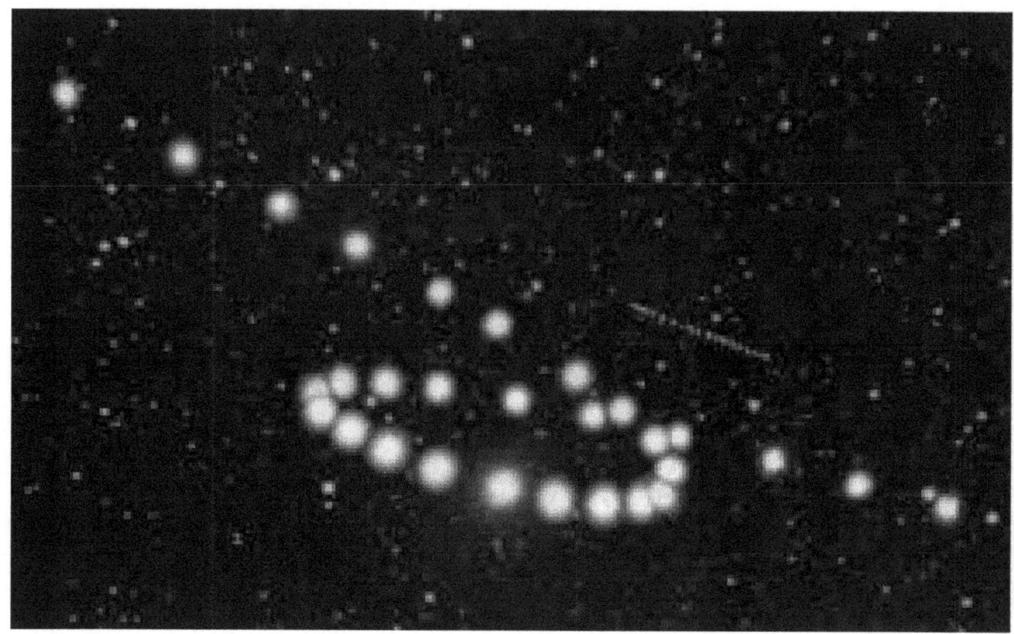

In zijn studie *The Ballet of the Planets dringt* Donald C. Benson in meerdere passages[9] aan op het centrale belang van "elegantie" : "De wetenschap geeft de voorkeur aan theorieën van de grootst mogelijke algemeenheid en eenvoud." (xiii); "het hoogste doel van alle theorie is de onherleidbare basiselementen zo eenvoudig en zo weinig mogelijk te maken, zonder de adequate weergave van één enkel ervaringsgegeven te moeten opgeven" (3); "de wereld is eenvoudiger dan zij lijkt, en alles moet in het werk gesteld worden om haar eenvoud te ontdekken" (4); [het scheermes van Occam rechtstreeks geciteerd] (6); en [het heliocentrische referentiekader] "bevat geen krommen die complexer zijn dan cirkels" (36). Boven alles, beweert hij, moet de astronomische theorie naar elegantie streven.

Wij willen dus af van de deferenten en epicykels van het Ptolemeïsche model.

---

[9] Donald C. Benson, *The Ballet of the Planets: On the Mathematical Elegance of Planetary Motion* (Oxford: Oxford UP, 2012).

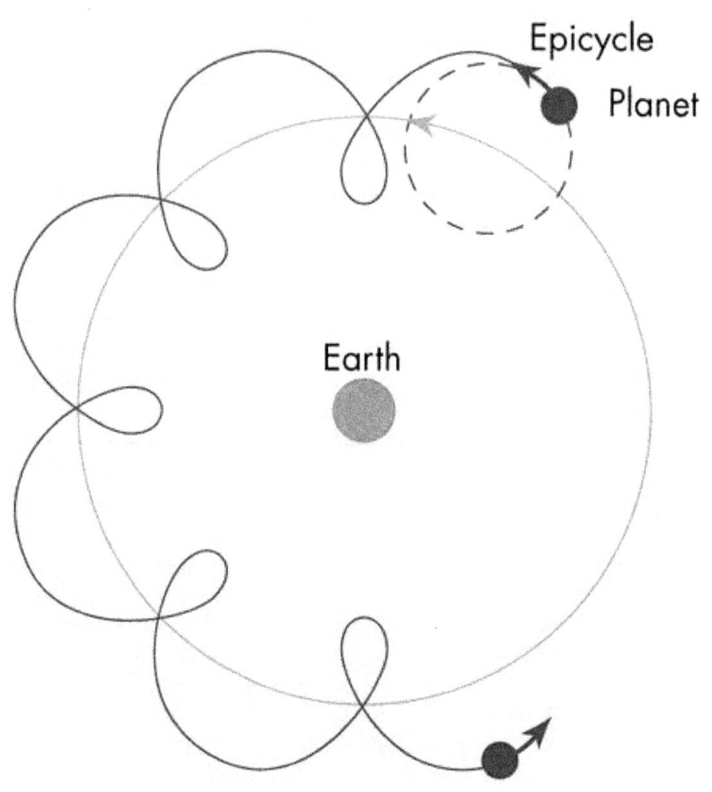
Epicycle
Planet
Earth

Het is echter niet *verkeerd* om dat te doen; alleen onelegant: "De bewegingen van de planeten kunnen volledig beschreven worden in elk van deze referentiekaders [geocentrisch of heliocentrisch], maar uiteindelijk ontdekte men dat het heliocentrische referentiekader het voordeel van grotere eenvoud heeft" (36). Hij stelt heel duidelijk dat "er geen logische fout is om ofwel de Aarde ofwel de Zon als onbeweeglijk te beschouwen en de beweging van de rest van het zonnestelsel dienovereenkomstig in kaart te brengen" (35), en "De geocentrische zienswijze is niet onjuist - alleen maar onnodig ingewikkeld" (48). De heliocentrische theorie wordt alleen maar geprefereerd omdat het geocentrische model ingewikkelder is zonder compenserende voordelen (38).

Maar elegantie kan diepe schaduwen werpen. Het is een kleine stap van spaarzaamheid naar reductionisme, dat leidt tot verlies van begrijpelijkheid. Betekenis kan opgeofferd worden aan "doelmatigheid"; parsimonie kan een voorspel zijn van controle en manipulatie van de natuur. Vandaar dat Steiner fundamenteel vraagtekens zet bij parsimonie als verklaringsideaal.

De volgende nogal komische illustratie werd afgedrukt in de *New York Times* van 11 januari 2015:

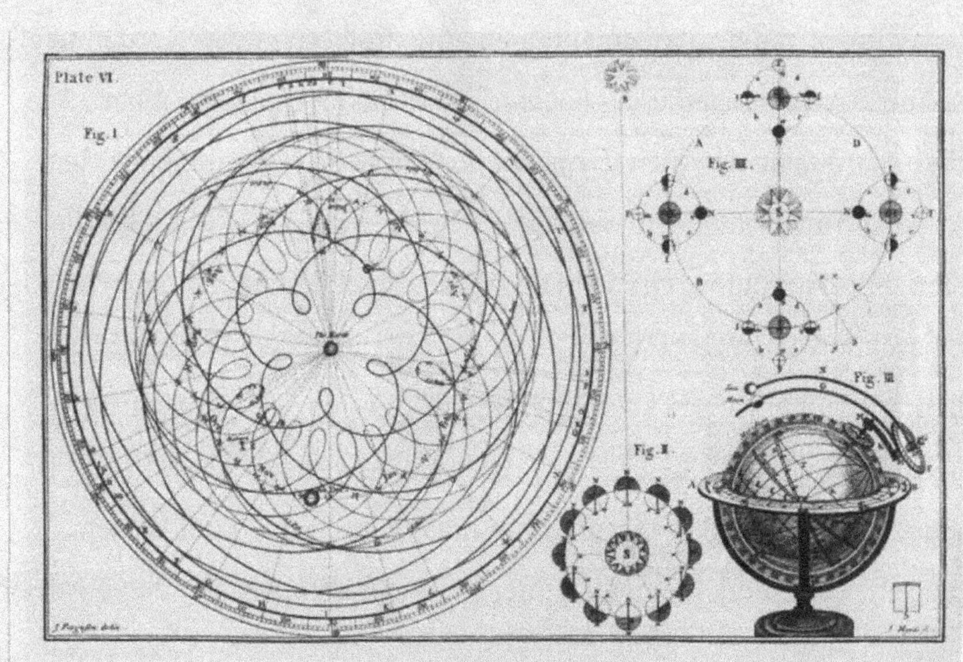

Stuck in the Middle *A geocentric model of our universe, from James Ferguson's 1756 "Astronomy Explained," highlights its absurdity; the Ptolemaic system required that the planets in our solar system orbit Earth in strange, looping arcs.*

Let op het onderschrift: de "vreemde, lusvormige bogen" van het geocentrische model zijn "absurd." Kan de schrijver werkelijk hun schoonheid niet gezien hebben?

Laten we de banen van de planeten isoleren. Als men Venus haar volledige cyclus laat doorlopen (ongeveer acht jaar), dan is het resultaat de intens mooie "Roos van Venus":

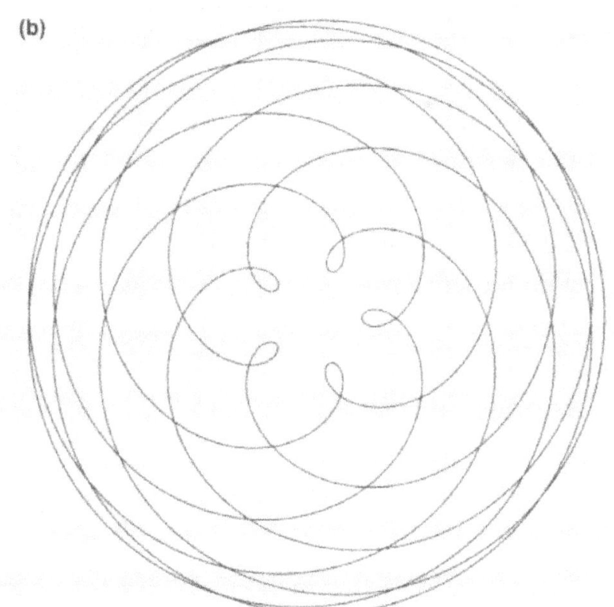

Figure 4.9b The Rose of Venus. The venusian epicyclic curve, showing the approximate eight-year cycle (thirteen orbits of Venus) with five retrograde loops.

Mars is nog opvallender. Als men het zijn volle loop laat gaan (ongeveer 79 jaar), is het resultaat het verbluffende "Schild van Mars":

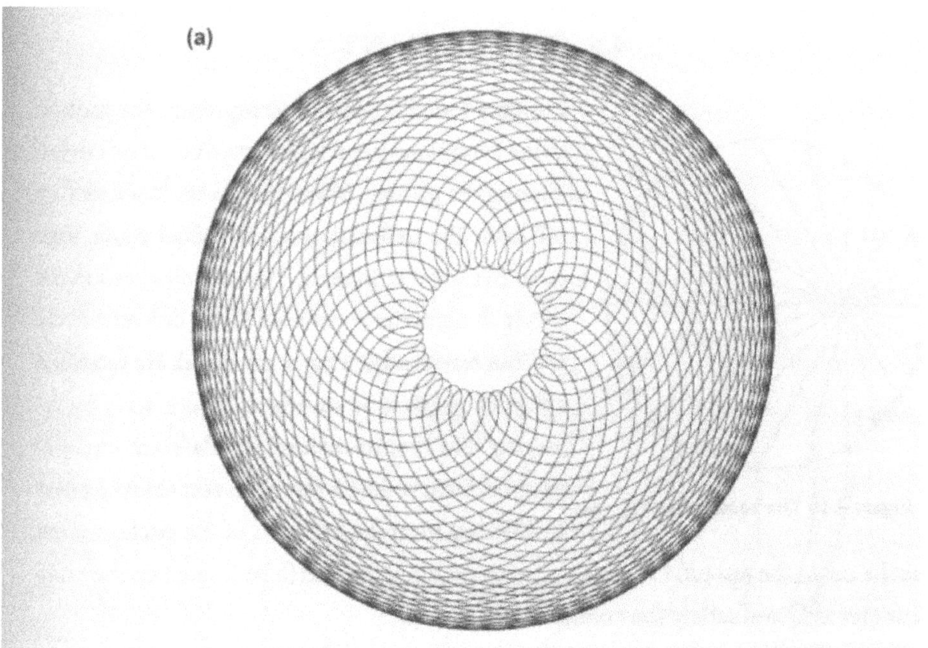

Figure 4.9a The Shield of Mars. The Martian epicyclic curve, Figure 3.2, extended to seventy-nine terrestrial years (about forty-two Martian years) with thirty-seven retrograde loops.

Er is een "compenserend voordeel": de extreme schoonheid van de verschijnselen, die integraal deel uitmaakt van hun verstaanbaarheid.

Trouwens, een 3-d visualisatie van de identiteit van Euler [10] genereert prachtige retrograde lussen!

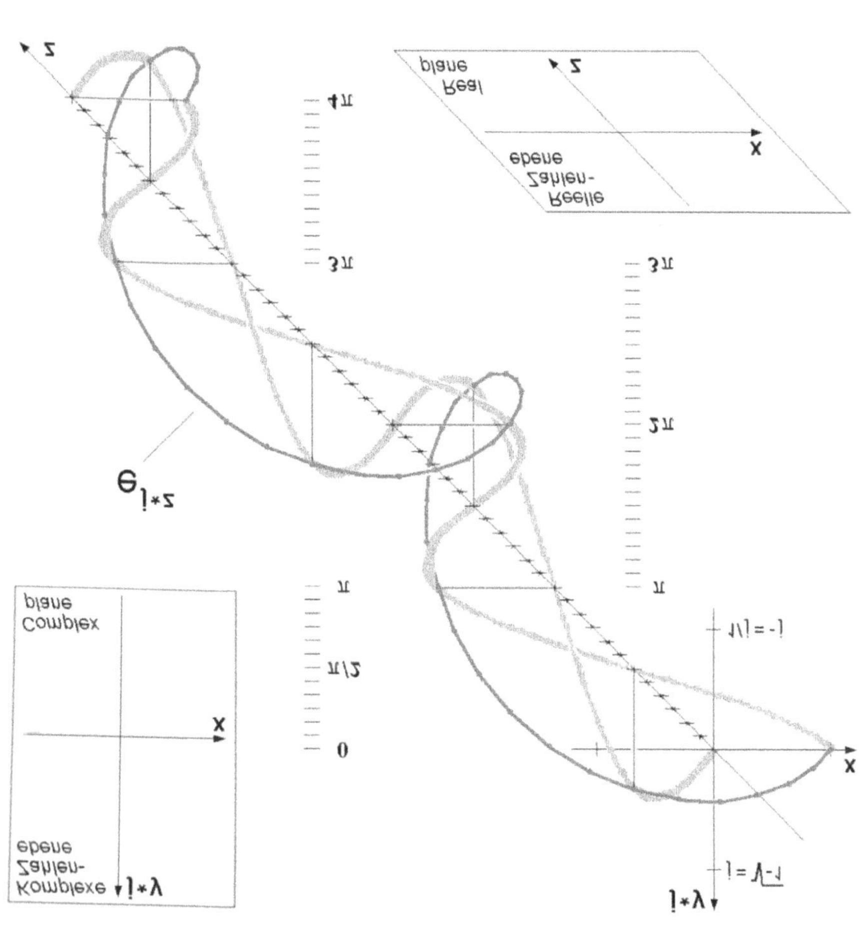

---

[10] …elding komt … an *Wikipedia*.

Een vroege uiteenzetting van Rudolf Steiner over karma als een vorm van herinnering is één voorbeeld (van vele die men zou kunnen aanvoeren) van een mooie symmetrie in de antroposofie. Wij hebben ervaringen, waardoor wij persoonlijke herinneringen vormen, die op hun beurt de manier veranderen waarop wij naar de wereld handelen. Zoveel is duidelijk. Maar men moet zich een soortgelijk proces voorstellen aan de andere kant: als gevolg van onze handelingen wordt een bovenpersoonlijk geheugen gevormd, en dat verandert de manier waarop de wereld op ons inwerkt. Biografische gebeurtenissen - kortom, ons karma - zijn allesbehalve willekeurig. Zij zijn dat de wereld zich onze vroegere daden herinnert en daarnaar handelt. Het resultaat is een elegante en symmetrische theorie van de geest als *het onbewuste van de natuur + het kosmisch geheugen.*

Antroposofie kan ook zeer subliem zijn. Neem bijvoorbeeld de werking van karma vanuit een evolutionair perspectief: "Volgens Steiner wisselen wij typisch van geslacht, en gaan wij van cultuur tot cultuur door vele incarnaties, waarbij wij het beste wat elke cultuur te bieden heeft in ons opnemen (of althans de kans krijgen in ons op te nemen). Het is een diep kosmopolitische visie: wij allen worden mettertijd,

[11] Frederick Amrine, "Discovering a Genius: Rudolf Steiner after 150 Years," *being human*, 1 (2011) 13-14.

bewust of onbewust, geleidelijk aan wereldburgers en hele mensen." [11]E en dergelijke visie doet rillingen over de rug lopen.

Nu zijn wij klaar om de vraag te beantwoorden: "Wat is er wetenschappelijk aan de geesteswetenschap?" *Antroposofie is wetenschappelijk omdat zij doordringend mooi en diepzinnig is.* Zij voldoet aan alle criteria voor wiskundige en wetenschappelijke schoonheid die wij reeds hebben uitgewerkt: zij is "verrassend," zij "brengt het schijnbaar niet verwante met elkaar in verband," en zij levert "nieuwe en oorspronkelijke inzichten op." Het past ook bij Roger Penrose's beschrijving van wetenschappelijke ontdekking als een "gevoelde verandering van bewustzijn."

Maar ik zou nog verder willen gaan. In tegenstelling tot de gangbare wetenschap heeft de antroposofie *een rigoureuze methode* ontwikkeld en beschreven *om dergelijke bewustzijnsveranderingen op te roepen en te beheersen.* De antroposofie *vult* dus *een grote leemte in de wetenschappelijke methode* door *een methode van ontdekking aan te reiken.*

Bovenal vermijdt de antroposofie reductionisme - valse elegantie tot het einde van de beheersing - om de verwaarloosde dimensie van de verstaanbaarheid, of betekenis, te maximaliseren. De antroposofie is het Schild van Mars en de Roos van Venus - oogverblindend mooi, druipend van betekenis, "avontuur" in de zin van Whitehead!

Maar als de antroposofie wetenschappelijk is, zelfs diep wetenschappelijk, waarom komt zij dan bij een eerste kennismaking op zo veel mensen onwetenschappelijk over?

Mijn eigen antwoorden zijn: (1) antroposofie is soms subliem, zij is bijna altijd mooi, *maar zij is zelden elegant* in de positieve zin van die term. En (2) antroposofie zoals ze geleverd wordt is *pure ontdekking*, ongeaxiomatiseerd. Dat komt omdat ontdekking zo zeldzaam is in de conventionele wetenschap, dat wij het niet herkennen als wij het zien.

Dus als het de antroposofie om de ontdekking gaat, waarom is het dan niet gewoon metafysica? Of, om de vraag anders te stellen, heeft de antroposofie een probleem met "rechtvaardiging"? Allereerst moeten we eraan herinneren dat rechtvaardiging problematisch is geworden binnen de gangbare wetenschap, die vaak tekort schiet, ondanks haar beweringen. Er zijn hier dus uitdagingen aan beide kanten. Ik beweer echter vooral dat de antroposofie zich *wel degelijk* "rechtvaardigt", en wel op de best mogelijke manier: de antroposofie rechtvaardigt zich *buiten de tekst* door *praktische toepassing*. En dat onderscheidt de antroposofie van de meeste andere geestelijke disciplines.

De antroposofie *zoals zij geleverd* werd was wetenschappelijk, maar zij is *voor ons* alleen wetenschappelijk als wij *er wetenschappelijk mee werken.* Barfield schrijft in *Poetic Diction* dat er op het hoogste niveau geen onderscheid is tussen kunst en wetenschap; er is alleen een onderscheid tussen "slechte kunst" en "slechte wetenschap" (139). In dezelfde geest beweer ik dat het enige echte onderscheid dat is tussen "slechte antroposofie" en "slechte wetenschap" - d.w.z. dat er pas een onderscheid is wanneer beide opgehouden hebben ontdekkingsprocessen te zijn.

Er blijven nog enkele restvragen over de elegantie. Moeten wij er ons iets van aantrekken dat de antroposofie zelden elegant is in de positieve zin? Kan de antroposofie eleganter gemaakt worden? Is het misschien onze taak om de antroposofie eleganter te maken? Moeten wij het proberen? Mijn eigen voorlopige antwoord op alle vier vragen is: ja.

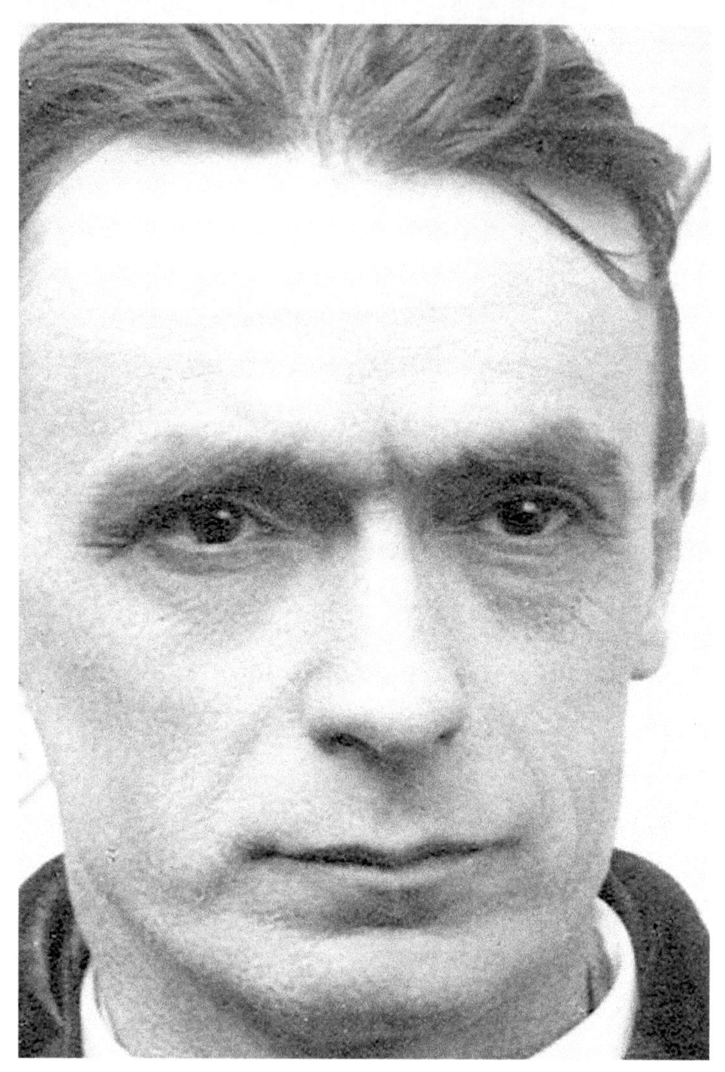

Rudolf Steiner (1861-1925)

www.ingramcontent.com/pod-product-compliance
Ingram Content Group UK Ltd.
Pitfield, Milton Keynes, MK11 3LW, UK
UKHW022008190726
13853UKWH00004B/1806